叶子少儿美术网教学指导丛书

爱上黏土

杨阳　贾成志　编著

U0223366

长江出版传媒 | 湖北美术出版社

图书在版编目（CIP）数据

爱上黏土/杨阳 贾成志 编著.
-- 武汉：湖北美术出版社，2016.8
（叶子少儿美术网教学指导丛书）
ISBN 978-7-5394-8659-8

Ⅰ.①爱…

Ⅱ.①杨… ②贾…

Ⅲ.①黏土－手工艺品－制作－少儿读物

Ⅳ.① TS973.5-49

中国版本图书馆 CIP 数据核字 (2016) 第 173939 号

丛书主编／刘　杨
参编／陈青青　张宝玉

责任编辑／袁　飞　王　莎
整体设计／向　冰
技术编辑／李国新

出版发行：长江出版传媒　湖北美术出版社
地　　址：武汉市洪山区雄楚大街 268 号湖北出版文化城 B 座
电　　话：(027)87679520 87679521 87679522
传　　真：(027)87679523
邮政编码：430070
网　　址：www.hbapress.com.cn
电子邮箱：hbapress@vip.sina.com
制　　版：武汉世纪天达文化传媒
印　　刷：武汉精一佳印刷有限公司
开　　本：787mm×1092mm　　1/16
印　　张：4.25
版　　次：2016 年 8 月第 1 版　2017 年 11 月第 2 次印刷
定　　价：30.00 元

指尖上的精灵

　　在孩提时代，泥巴和橡皮泥总是让我爱不释手。搭大房子，做椅子、凳子、灶台，捏小鸡、小狗、公主、小矮人，和小伙伴们一起玩过家家，泥巴和橡皮泥是必不可少的材料。

　　长大了，每每经过一些小装饰品店的橱窗，那些小手办总是让我流连忘返。直到我站上了讲台，接触到了各种可以用来造型的塑型材料后，我开始思考如何让这些材料在美术教学中运用得更好。

　　在众多材料中，超轻土是最容易上手，最百搭的一种材料。不论是做立体造型，还是做半立体浮雕，平面混色，超轻土都能够胜任，而且还和其他绘画材料兼容。同时，它环保、无毒。玩黏土还能培养孩子们的耐心，形成稳重的性格，提高孩子们的专注度，激发学习的兴趣。

　　长期从事黏土教学给我带来了无尽的愉悦，不仅结交了很多的良师益友，而且收获了相当多的创作灵感。感谢刘杨提供这么好的平台，感谢湖北美术出版社对我的支持和鼓励。

目录

黏土调色盘

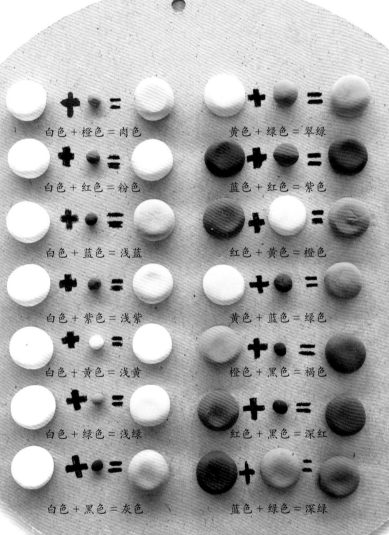

白色＋橙色＝肉色

白色＋红色＝粉色

白色＋蓝色＝浅蓝

白色＋紫色＝浅紫

白色＋黄色＝浅黄

白色＋绿色＝浅绿

白色＋黑色＝灰色

黄色＋绿色＝翠绿

蓝色＋红色＝紫色

红色＋黄色＝橙色

黄色＋蓝色＝绿色

橙色＋黑色＝褐色

红色＋黑色＝深红

蓝色＋绿色＝深绿

工具箱

学生专用工具刀
用来进行简单的分割。

16头8件套工具刀
用来进行分割、塑型、压花等。

垫板
制作过程中垫在黏土下面。

排笔
用来上色。

镊子
在连接细小零部件或者处理细节时使用。

压泥棒
用来碾压黏土，或者将黏土擀成薄片。

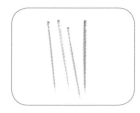

牙签
制作过程中用来挑、刺、扎某些细节。

剪刀
修剪黏土的形状或者制作细节。

密封盒
将未用的黏土密封起来，防止变干变硬。

喷壶
制作过程中在黏土上用喷壶喷上白醋能快速软化黏土。

泡沫填充物
在黏土中包入填充物能方便造型，节省黏土。

白乳胶
很多细小的零部件或干了的黏土需要用白乳胶粘牢。

基本形状

圆球形——用手掌反复揉搓成圆球状，揉搓时使黏土均匀受力。

水滴形——先将黏土揉成圆球，再将手掌内侧相合，将圆球夹在手掌之间反复揉搓。

正方形——先将黏土揉成圆，再用食指和大拇指捏方。

细长条形——先将黏土揉成圆，再放在桌面上用手掌反复揉搓，使圆球向两边展开成为长条。

三角形——先搓出水滴形，然后将底部捏平，再将周围分三个面捏平。

梭形——搓出水滴形后，调换黏土的方向，再将粗的一端同样搓细。

基本技法

划
将黏土划开
或者切成片

擀
将黏土擀压
成薄片

推
取少量黏土，搓
成长条，拇指压
住横推

揪
摘取很少量
的黏土

切
将黏土切成小段

粘
将细节部分与主体物粘接

剪
根据需要剪出形状、细节

刻
在黏土表面刻出所需的纹路

搓（大形）
用手掌将黏土搓成所需形状

卷
将黏土卷曲

挑
制造粗糙和毛茸茸的效果

搓（小形）
小的部件用手指搓即可

压
用掌心将黏土压成扁平状

1. 葡萄熟了

老师说

葡萄为葡萄科葡萄属木质藤本植物，果实呈球形或椭圆形。葡萄是世界上最古老的果树树种之一，葡萄的植物化石发现于第三纪地层中，说明当时已遍布于欧亚大陆及格陵兰。葡萄原产于亚洲西部，世界各地均有栽培，约95%集中分布在北半球。葡萄生食、制葡萄干或酿酒均可。

工具箱
黏土、厚纸盘、牙签、工具刀、针管笔

适合年龄
4～5岁

孩子想

我好想唱《蜗牛与黄鹂鸟》这首歌呀！
我最喜欢吃葡萄啦，爸爸妈妈带我去摘过葡萄的。
我爷爷家门前就种了葡萄树。

陶雨彤　5岁

拓展

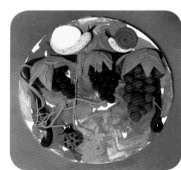

靳晨希　5岁

陈明劼　5岁

李浩瑞　4岁

向妹聿　5岁

1. 取适量的深绿、浅绿、蓝色和黄色黏土合在一起。

2. 把合在一起的黏土用双手拉两下，调成混色。

3. 在纸盘上用调好颜色的黏土推出葡萄叶子的形状，叶子要大小不一，位置也要有变化。

4. 把黑色黏土里面加上咖啡色拉两下，捏出葡萄藤的形状铺在叶子上。

5. 取适量的浅色和深色黏土，捏小圆球堆成葡萄串粘在一起。

6. 捏两片叶子粘在葡萄上，搓细长条粘在叶子上做叶脉，把绿色黏土拉丝放在葡萄上面做葡萄的蔓和卷须。

7. 做两只蜗牛或者其他小昆虫做装饰。

百宝箱

1. 第一堂课里，要学习养成良好的习惯。同时，还要学会黏土的正确使用方法，例如：如何取，如何分，如何调色等。

2. 掌握圆形、水滴形、长条形的制作技巧。

3. 掌握紫色、绿色、深红色的调色技巧。

《火棘果》采用吹墨法做树干，黏土做小果实。同样是在搓圆的基础上展开，加上吹墨产生的枝干的自由性和延展性，让课堂更加生动有趣。

教师
建议

第一堂课，学生只需要养成好习惯，认识颜色，会搓圆即可。

教学
思考

让学生多从生活中去感受色彩，认识三原色，多鼓励孩子们大胆表现。

2.美味蔬菜

蔬菜，是指可以用来烹饪的，除了粮食以外的其他植物（多属于草本植物）。蔬菜是人们日常饮食中必不可少的食物之一。蔬菜可为人体提供必需的多种维生素和矿物质。我们可以从蔬菜的颜色、形状以及生长过程等方面来了解一下蔬菜。

我想有一小块菜地，可以自己种我喜欢吃的蔬菜。
我最喜欢吃爷爷做的西红柿炒鸡蛋。
我经常跟妈妈一起去菜场买菜，那里有好多好多的蔬菜。

李珂依　5岁

孙一萱　5岁

工具箱
相框、工具刀、
牙签、黏土

适合年龄
4～6岁

赵东宜　5岁

拓展

汪雨菲　6岁

1. 萝卜：取红色黏土，搓成大水滴，用手指在顶部压个小坑，取绿色黏土做几个小水滴，压扁，捏出叶子的形状，粘在小坑里，用牙签压出萝卜的纹理。

2. 白菜：取绿色黏土做3个大水滴，用掌心压扁，捏出叶子的形状，搓一根白色的长条，粘在叶片中间，再组合。

南瓜：取橙色黏土做5～6个梭形，逐个粘在一起，组合好后上下各压一下，最后粘上南瓜蒂。

3. 用灰色黏土铺满相框底。

4. 把棕色黏土搓圆压扁做篮子底，再搓一根长条围成篮子边，摆在相框里。

5. 依次做各种蔬菜。

6. 装入各种不同的蔬菜。

百宝箱

1. 从圆入手，从圆开始变形。
2. 从简单的加白色使其颜色变浅到三原色相互组合成三间色。
三原色：红、黄、蓝。
三间色：橙（红＋黄）、绿（黄＋蓝）、紫（红＋蓝）。
3. 课程的梯次变化要有联系，课程的线索要在生活中寻找。

课后拓展

《吃面条的人》
　　蔬菜应用于烹饪，菜品之间自由搭配。从单一的蔬菜制作，到加入人物和环境，课程的形式在改变，难度也在提升。

唐灿灿　5岁

教师建议

　　　　　　　鼓励孩子们多去菜场、田间观察各类蔬菜的色彩及生长形态。通过切身的体验和直观的感受，让孩子们更清楚这些蔬菜的真实形态。

陈泓颖　6岁

教学思考

　　在整个教学过程中，要经常鼓励孩子们，课后让孩子们说说自己做出了哪些蔬菜。

3. 寿司大餐

老师说
寿司和其他日本料理一样，色彩非常鲜艳。制作时，把新鲜的海胆黄、鲍鱼、牡丹虾、扇贝、鲑鱼子、鳕鱼鱼白、金枪鱼、三文鱼等海鲜放在雪白香糯的饭团上，一揉一捏之后再抹上鲜绿的芥末酱，最后放到古色古香的瓷盘中……如此的色彩组合，真是"秀色可餐"哪！

工具箱
黏土、厚纸盘、牙签、工具刀、针管笔

适合年龄
4～6岁

寿司可好吃了，里面还有亮晶晶的鱼子。
寿司就是紫菜包饭吧！
我妈妈在家就给我做过，看上去好漂亮，我都舍不得吃。

周雅洁　6岁

拓展

陈逸菲　5岁

孟想　6岁

向鎏哲　6岁

1. 在泥塑板上将黑色黏土用压泥器擀成一块薄片。

2. 用工具刀将擀好的薄片划成宽长条。

3. 用白色黏土做一个长方块，再用切好的黑色宽长条将白色黏土包边。

4. 绿色黏土做海带丝，橙色黏土搓小圆球做鱼子，红色、白色黏土混合后用牙签挑成肉泥状。

5. 将黑色、白色黏土擀成薄片，绿、黄、红等颜色的黏土搓成粗长条，卷起来，待干透后切开。

百宝箱

1. 了解工具的运用，加强手部灵活性的练习，提高制作的精细度。

2. 不同种类的寿司形状不同，练习切长条、搓圆形、擀泥片、切片等技法。

3. 色彩的搭配、形状的组合、整体的构图需要兼顾。

课后拓展

《披萨》

披萨是意大利美食。制作时增加了拉丝、切割手法，工具的运用，以及调色的练习。

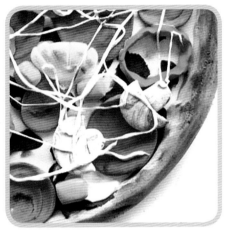

教师建议

胆大、心细、专注，熟练使用工具，丰富画面的层次感和立体感。

教学思考

不必过于强调真实性，可以在尽力体现实物质感的同时，让孩子们自由发挥。

4.年年有鱼

连年有余，汉族传统的吉祥图案，由莲花和鲤鱼组成也称"年年有鱼"，寓意生活富足，每年都有多余的财富及粮食。

孩子想

我暑假的时候去海洋公园，看见过好多好多漂亮的鱼。
姥姥说："过年时候的鱼不能吃完。"
我家的大鱼缸养了好多鱼，有一条还蹦出来，被我家的猫给吃了。

工具箱
黏土、厚纸盘、剪刀、
工具刀、泥工板

适合年龄
4～6岁

郑淇元　4岁

拓展

曾诗嘉　6岁

郑焱文　5岁

陈逸菲　5岁

吴文涵　5岁

步骤解析

1. 将纸盘用剪刀剪下一个大三角，贴在盘子的另一端做鱼尾巴。

2. 选深色黏土铺满鱼的身体。

3. 做出鱼的眼睛并装饰。

4. 身体用点、线去组合排列。

6. 将嘴巴粘在纸盘剪下的缺口处，调整好鱼嘴的外形。

5. 用红色黏土搓粗长条做鱼的嘴巴。

百宝箱

1. 通过老师引导，了解点、线、面的穿插组合，复习上一课的知识点。

2. 掌握对比色的运用，作为第一单元的检测课，可以比较全面地了解孩子们的理解及运用情况。

3. 增加了卷、包、剪等表现技法。

课后拓展

此课属于"同课异构"课程和节日主题课程。也适用于年龄大的孩子，他们对于此课的表现方式会更多，作品会更精细。

许乔媛　8岁

教师建议

鱼的姿态和外形是多变的，所以孩子们在形的控制上可以适当放松，重点在鱼的花纹组合上下功夫。

李承翰　7岁

何嘉熙　9岁

何穆然　8岁

此课程可以引导孩子们大胆地使用对比色，提高孩子们的色彩感知能力。

教学思考

5. 家乡的油菜花

油菜花是春季在我国很多地方都可以看见的田园风光。由星星点点的黄色小花组成的花海总叫人心旷神怡。油菜花开放，引来彩蝶和蜜蜂在花丛间飞舞，浓郁的花香令人陶醉。

工具箱
相框、泥工板、工具刀、黏土

适合年龄
4～7岁

孩子想

我好想去油菜花田里躺一躺啊！
昨天，我跟妈妈一起去老家的油菜花地里拍了好多漂亮的照片。
油菜花田里有好多小蜜蜂，它们最喜欢黄色了。

周睿轩　5岁

陈芷萱　5岁

夏诗函　4岁

向鎏哲　6岁

拓展

郑羽辰　5岁

1. 将蓝色、绿色、黑色黏土混色后按山的纹理走向推出大山。将白色、蓝色黏土混色后横推出有白云流动感的天空。

2. 用白色黏土做出徽派民居，表现出前后关系，再用黑色黏土做出屋顶。用浅绿色加黄色黏土推出油菜花田的远景。

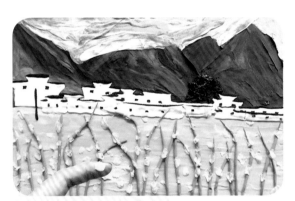

3. 用深绿色黏土搓细长条，做油菜花梗。

4. 将黄色黏土用白醋调稀后，捏出一点点薄薄的花瓣，随意贴在花梗附近。

5. 用橙色做花心点缀，再在花梗底部用深绿色黏土做油菜花叶子。

百宝箱

1. 引导孩子学会观察在此课程中是必不可少的。

2. 第二单元从混色平推开始，天空的混色平推，草地和油菜花的远、中、近的表达，是这个单元第一堂课教学的重中之重。

3. 同类色（相近色）的运用。油菜花的黄色系列和花梗的绿色系列的运用。

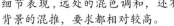

课后拓展　　风景主题的课程更适合年龄大的孩子，特别是近处的细节表现，远处的混色调和，还有背景的混推，要求都相对较高。

教师建议　　在课前应有意识地要求孩子们多接触大自然，多观察身边景物的细节，多认识颜色。

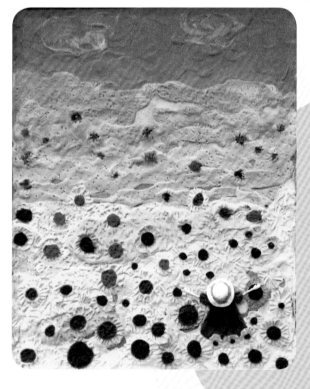

教学思考　　该课程作品应避免样式上的雷同，引导孩子们在构图上多花心思，鼓励他们在表现手法上大胆创新。

6.桃花朵朵

中国是桃树的故乡。公元前 10 世纪左右,《诗经·魏风》中就有"园有桃,其实之肴"的句子。桃蕴含着图腾崇拜、生殖崇拜的原始信仰,有着生育、吉祥、长寿的民俗象征意义。桃花象征着天、爱情、美颜与理想世界;枝木用于驱邪求吉;桃子融入到中国的神话传说中,隐含着长寿、健康、生育的寓意。

工具箱
黏土、厚纸盘、牙签、
工具刀

适合年龄
4 ~ 6 岁

孩子想

春天来啦,花儿开啦,我想带着我的小蜗牛去散步!
我想让粉粉的花瓣落满我的全身。
老师,我想摘一朵桃花送给你,戴在你的头上。

拓展

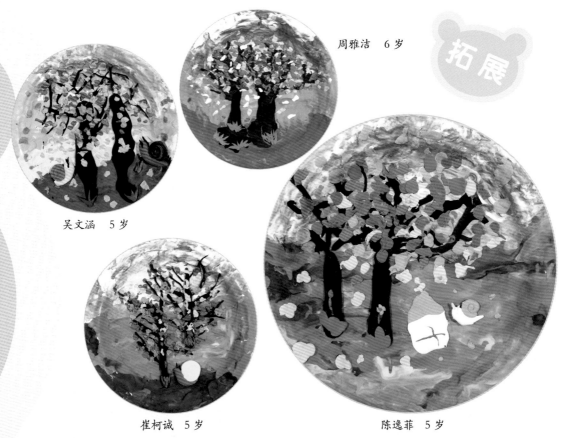

周雅洁　6 岁

吴文涵　5 岁

崔柯诚　5 岁

陈逸菲　5 岁

步骤解析

1. 将蓝色和白色黏土调和成渐变色，铺满纸盘的一半做天空。

2. 用绿色黏土将剩下的空白处铺满做草地。

3. 将棕色、橙色和黄色黏土调和后做成树干，搓细长条做树枝。

百宝箱

1. 训练低幼阶段的孩子进行调色的练习，并掌握混推技法。

2. 增强对前后空间关系的理解，丰富背景的色彩，强调画面的色彩一定不能单一。

3. 从草本植物提升到木本植物的难度。掌握做树的技巧，对树的结构和动态以及质感进行表现。

4. 用粉色和紫色黏土捏成薄片做花瓣，随意地沿着树枝的方向粘贴。

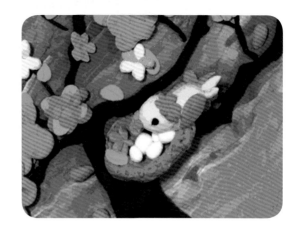

课后
拓展

从抽象到具象，从平面
到立体的转变，前面的主体
具象的时候，背景一定要简单模
糊，以突出主体。可以提示孩子们添加一些
相关的物体，比如鸟、鸟窝、蜜蜂等，让画
面有情节，这样会更生动。

教师建议

要根据画面中的前后关
系，区分出主体和相关物体
的颜色。虚化背景的同时要
注意色调和前景的搭配，不
能喧宾夺主。

鼓励孩子们发散思
维，想到什么就做什么。
动手前先在脑海中设想
一下画面的情节。

教学
思考

7. 盛夏荷塘

老师说
荷花是中国十大名花之一，也是印度和越南的国花。"荷"被称为"活化石"，是起源最早的被子植物之一。荷花因其"出淤泥而不染，濯清涟而不妖，中通外直，不蔓不枝"的高尚品格，历来为文人墨客所歌咏描绘。古时江南风俗认为阴历六月二十四日为荷花的生日，荷花因而又有"六月花神"的雅号。

工具箱
相框、黏土、泥工板、工具刀、针管笔

适合年龄
6～8岁

荷叶可以摘下来当帽子戴，大的还可以当伞。
小荷才露尖尖角，早有蜻蜓立上头。
夏天荷花开了之后，我们就有莲蓬吃了。

许乔媛　8岁

彭雯蝶　8岁

陈杜尹露　7岁

拓展

杜骅洋　8岁

1. 将白色、蓝色黏土混色后推出水面。

2. 将深绿色、浅绿色黏土搓成细长条，贴出荷叶梗，捏出荷叶的不规则圆形，并用工具刀刻出荷叶的脉络。

3. 用粉色和浅粉色黏土搓出小水滴，压扁组合成荷花，再做几个莲蓬点缀在荷叶和荷花当中。

百宝箱

1. 荷花花梗的穿插和荷叶之间的遮挡关系成为这次课程的新重点。

2. 荷花花瓣的半立体表现方式是难点。

3. 色彩表现比较丰富，可以表现一天之内不同时间段的荷花，各种小动物和小昆虫的组合方式也会有变化。

4. 最后在画面中添加一些小动物，比如蜻蜓、蝴蝶、蝌蚪、青蛙等，让画面更生动。

课后拓展

《水墨荷花》

　　使用黏土进行水墨效果的尝试，使孩子们掌握水墨中墨分五色的理论知识，并能在黑、白、灰的层次上对色彩有进一步地了解。此课适用于中高年级的孩子。

教师建议

　　在构图上使用类似国画的散点透视，注意画面的疏密关系。

教学思考

　　孩子们在该课程中的作品会出现荷花与水生动物及昆虫比例失调的情况，是画面比例重要还是有拙拙的童趣重要会是一个讨论的话题。

8.菊之韵

老师说

菊花是中国十大名花之一，花中四君子（梅兰竹菊）之一；也是世界四大切花（菊花、月季、康乃馨、唐菖蒲）之一，产量居首。因菊花具有凌寒傲雪的品格，才有陶渊明的"采菊东篱下，悠然见南山"的名句。中国人有重阳节赏菊和饮菊花酒的习俗。在古代神话传说中，菊花还被赋予了吉祥、长寿的含义。

工具箱
黏土、厚纸盘、牙签、
工具刀、泥工板

适合年龄
4～8岁

孩子想

每年秋天都有菊花展，好多好多人去看呀！
菊花可以泡茶喝，放点冰糖就更好喝了，甜的。
菊花的花瓣像我的头发一样，卷卷的，翘翘的。

屈小艺　4岁

张欣舟　6岁

刘芷含　4岁

陶雨彤　5岁

陈泓睿　4岁

拓展

1. 用压泥棒把黄色黏土压成薄片，等薄片变干一点。

2. 取黄色、绿色、蓝色黏土混色后在纸盘上横推出背景。

3. 用剩下的混色黏土捏出叶子，搓一根绿色长条做花梗，把叶子和花梗粘在背景上。

4. 把步骤1压的薄片用工具刀切成长条，并将一头卷起来。

5. 把没有卷起来的一头粘在一起做花瓣，从里往外一层一层地粘，在下面粘几根长的。

6. 用橙色黏土捏小水滴粘在菊花的中间。

百宝箱

1. 难度比前一课的荷花提高了，对菊花的复式花瓣的刻画要更精细。

2. 本课还加入了擀、切、挑和刻等技法。

3. 花瓣的摆放要遵循菊花的生长规律，有长有短，以花蕊为圆心，放射状地排列。

7. 把做好的菊花粘在纸盘上，用浅绿色黏土捏一些叶子，把橙色黏土用白醋调稀捏成大小不一的圆球，粘在叶子上，用牙签往外挑，做小花苞。

8. 最后调整好叶子和花苞的疏密关系。

勾扬雪　9岁

此课适用于高
年级的孩子。菊花
的层次和背景的层次较
为丰富，而且平推更锻炼孩子们手与
脑的协调能力。

教师
建议

低年级的孩子只要熟练掌握搓长条，卷
曲前端即可。高年级的孩子就需要把擀、切、
挑和刻等技法掌握得更加熟练。

屈飞扬　9岁

张诗琦　9岁

教学
思考

培养孩子仔细
观察事物的能力。

9. 水中仙子

中国水仙的原种于唐代从意大利引进，是法国多花水仙的变种，在中国已有一千多年的栽培历史，经上千年的选育而成为世界水仙花中独树一帜的佳品，为中国十大传统名花之一。水仙的花瓣多为 6 片，花瓣末端呈鹅黄色。花蕊外面有一个如碗一般的保护罩。

工具箱
黏土、卡纸、硬纸板、
小丸棒、工具刀

适合年龄
5～8 岁

为什么水仙花长在水里啊？它不需要土吗？

老师，我觉得它长得好像大蒜。

水仙花里面是不是真的有仙子啊？

孙一萱　6 岁

孟想　6 岁

周雅洁　6 岁

1. 搓两根浅绿色的长条做花梗。

2. 再搓深绿和浅绿色的长条，把长条按压成片状做叶子。

3. 将白色小水滴捏成花瓣，把黄色黏土搓圆用小丸棒压出凹槽，用橙色黏土搓小圆球做出花蕊。

百宝箱

1. 此课让孩子们知道春夏秋冬各个季节都会有不同的代表花种，并感知四季的变化。

2. 独有的"中国风"的边框设计配以竖排的文字，让孩子们了解构图的重要性。

3. 水仙花和叶的疏密关系是复习前面课程的重点。为后面的单元检测课《青花瓷》做准备。

4. 把黑、白色黏土调成混色，捏出石头的形状，粘在叶子的底部。

5. 用深绿色水彩笔在叶子上画一条纹路。

6. 装上正方形厚纸板，然后用黏土做成复古边框，更加凸显水仙花的雅致。

《兰花》
"四君子"之一，风格接近水仙花，区别在于叶子和花的比例关系，更要体现出叶子和花之间的空间关系。

邹灵君　5岁

苏疆沣　5岁

向丰毅　5岁

教师建议

除了图片和影像等多媒体形式，观察实物效果最佳。通过眼看、手摸等亲身感受，孩子才会有更直观的了解。

教学思考

在开始此课前，上一次关于兰花的线描写生的作品欣赏课，效果会更好。

10. 青花瓷

青花瓷又称"白地青花瓷"，常简称"青花"，是中华陶瓷烧制工艺的珍品。它是中国瓷器的主流品种之一，属釉下彩瓷。青花瓷是用含氧化钴的钴矿为原料，在陶瓷坯体上描绘纹饰，再罩上一层透明釉，经高温还原焰一次烧成。钴料烧成后呈蓝色，具有着色力强、发色鲜艳、烧成率高、呈色稳定的特点。

工具箱
黏土、硬纸板、油性笔、
工具刀、泥工板

适合年龄
7～8岁

孩子想

我吃饭的碗就是青花瓷的。
我会唱《青花瓷》这首歌："素坯勾勒出青花笔锋浓转淡……"
我舅舅家里有一个很大的青花瓷花瓶。

拓展

何穆然 8岁

祝锦雯 7岁

许乔嫒 8岁

李昊聪 8岁

1. 用笔画出花瓶的形状和花瓶上的装饰图案，并画出背景。

2. 用白色、浅灰色和深灰色黏土铺出背景上的色块。

3. 把花瓶没有装饰图案的地方铺上白色黏土。

5. 将花瓶上的花纹做成立体效果，更有视觉冲击力。

4. 用蓝色黏土来装饰花瓶。通过深蓝和浅蓝色的变化来表现图案的细节。

百宝箱

1. "中国风"课程，带有设计感的灰色背景的运用是重点。

2. 灰色的安排和层次一定要和谐，老师要耐心引导。

3. 花在花瓶上的位置摆放和立体呈现则是难点所在。

课后拓展　可用空酒瓶及其他瓶子包裹黏土做立体青花瓷瓶。瓶身用黏土包裹平滑，待半干后可以用丙烯上色并画上花纹。

教师建议　先讲述青花瓷的发展历史，后观察实物，效果更佳。瓶子的形状最好选择高低胖瘦不同的，这样创作出来的青花瓷瓶效果会不一样。

教学思考　对青花及青花瓷瓶外形的设计要随意一点，不一定非要左右对称。对孩子的作品不要以实物的标准来要求，要多鼓励。

11. 骄傲的大公鸡

公鸡起到带领鸡群和报晓的作用。公鸡最显著的特征是头和颈的羽毛，前面的为深红色，向后转为金黄色。这些狭尖的长羽，从颈部向后延伸，覆于背的前部。有尾羽和尾上覆羽，并有金属绿色反光，羽基白色。有的公鸡性情凶悍，会袭击别的动物或人类。公鸡形体健美，色彩艳丽，行动敏捷，在农业社会与人们生活关系密切。

工具箱
黏土、相框、羽毛、牙签、泥工板

适合年龄
5～8岁

孩子想

大公鸡一声一声叫："喔！喔！喔！"
大公鸡看到小蚯蚓就笑眯眯。
大公鸡真威风，一下就跳好高，飞到树上去了。

拓展

邹灵君　5岁

王哲胜　5岁

张欣冉　5岁

苏疆沣　5岁

1. 画出大公鸡的轮廓，在空白的地方用黄色、绿色和蓝色黏土混色铺出草地。

2. 用黑色、白色黏土做出眼睛，橙色铺出脑袋和脖子，红色铺出鸡冠，黄色铺出嘴巴，搓一根细长条放中间，翅膀用橙色和黄色混色推出羽毛的效果，尾巴用橙色和红色铺上。

3. 后面的翅膀用橙色、黄色和肉色黏土混色推出羽毛的效果，用蓝色和黑色黏土混色铺满背景。

4. 用棕色和画面上有的颜色混色，搓成一根根长条，把长条的一边用手指按压，粘在尾巴上。

百宝箱

1. 课前需要老师的耐心引导，用色块来代替线性造型，能将大公鸡表现得更生动，也提高了容错率，这样会大大增强孩子们的自信心。
2. 需要注意的是，我们可以从头部开始，然后再确定眼睛。
3. 运用综合材料，可以突出公鸡翅膀的质感与动态。

天鹅与公鸡，外形特征不同，颜色不同，表现手法也不同。《白天鹅》这一课主要需表现白天鹅的动态，以及纯白色羽毛的立体感。

教师
建议

羽毛的层次感要表现得更丰富，而且要拉开背景与主体物的色彩反差，也要注意背景色彩的渐变。

教学
思考

要给孩子们讲解清楚天鹅的特征，在这个基础上多鼓励孩子们大胆创作。

12.彩色的鹦鹉

老师说

鹦鹉是典型的攀禽，对趾型足，两趾向前，两趾向后，适合抓握。鹦鹉的喙强劲有力，可以食用硬壳果，是热带、亚热带森林中羽色鲜艳的食果鸟类。以其美丽的羽毛，善学人语的特点，为人们所喜爱。随着人类文明足迹的延伸，工业化的发展，这些美丽的鸟类的生存环境恶化，种群锐减，一些种类已经或接近灭绝。

工具箱
黏土、相框、牙签、厚纸板

适合年龄
6～8岁

孩子想

鹦鹉会学我说话，还会背唐诗呢！
我养了一只鹦鹉，每天早上跟我说："您好！"
有的鹦鹉都已经快要灭绝了，我们要保护它们。

拓展

孟想　6岁

周雅洁　6岁

黄晓雯　6岁

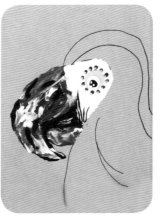

1. 在纸板上画出鹦鹉的轮廓。

2. 用绿色和蓝色黏土混色，用棕色、白色和黑色黏土混色，铺出嘴巴，用白色铺出脸部，然后捏出眼睛并装饰。

3. 将身体和脑袋铺上不同颜色的黏土。

4. 找颜色鲜艳的黏土搓细长条粘上去做羽毛。

5. 粘完羽毛后，把部分羽毛翘起来一点。

百宝箱

1. 鹦鹉种类繁多，色彩对比非常强烈。
2. 对同色系的组合、渐变色的调法、背景的混推技法的掌握是本课的重点。
3. 经过前面两次课对动物的练习，细节刻画的锻炼，要求能搓出粗细不一的泥条，并进行排列与堆叠。

课后
拓展

《猫头鹰》
夜晚的冷色、灰色训练。
同是表现鸟类动物，重点转移
到动物与场景的组合，更多地
关注对整个画面色彩的控制以
及构图。

高鑫一　8岁

陈锐文　8岁

教师
建议

让孩子们观看关于猫头
鹰的动画片或者纪录片，多了
解猫头鹰。要让孩子们了解冷
暖色的基本运用。

教学
思考

在引导的过程中，要鼓励孩子们在
脑海中设想好各自的故事情节和背景。
孩子们应充分发挥创造性，避免作品出
现雷同。

向峰毅　6岁

13. 我妈妈

老师说

《我妈妈》是绘本故事导入课程。通过讲述绘本故事，让每个孩子了解妈妈的特点。比如：爱美的妈妈、爱笑的妈妈、爱保养的妈妈等。

绘本《我妈妈》作者是安东尼·布朗。《我妈妈》和《我爸爸》本书都是借孩子天真自豪的口吻，描绘孩子心目中无所不能的爸爸和妈妈。

工具箱
黏土、厚纸板、相框

适合年龄
6～8岁

孩子想

我妈妈是世界上最漂亮的妈妈。
我最喜欢妈妈的眼睛，还有她的长头发。
妈妈每天都把自己打扮得美美的，很阳光。

杨博嘉　6岁

拓展

黄晓雯　7岁

向鋆哲　6岁

吴文涵　6岁

孟想　6岁

1. 用白色黏土推出脸的形状。

2. 用黑色黏土捏出眼睛，橙色黏土推出脸上的阴影。

3. 把五官做出来，然后突出五官，加深眉毛、鼻子、嘴巴的颜色，再把妈妈的发型做出来。

4. 加上背景色，注意渐变。

5. 可以在背景上任意装饰一些小图案。

百宝箱

1. 此课要注意色彩的块面造型，尽量避免孩子在妈妈脸部外形"像不像"上纠结。

2. 重点在妈妈的眼神，及妈妈微笑时上扬的嘴角上多下功夫。

3. 要强调让孩子们找出自己妈妈五官上的特点，可以适当夸张一点。

课后拓展

《我给妈妈涂面膜》
　　通过"我给妈妈涂面膜"的课题学习颜色块面的对比。这一主题更适合低幼阶段的孩子来表现。

张诗涵　5岁

教师建议

　　每个孩子心中都有一个属于自己的完美的妈妈，怎样表现，需要引导孩子"走心"。

裴浩天　5岁

邬永晨　5岁

教学思考

　　对于主观性比较强的课程，课后要多给予孩子们肯定。

14. 万圣节来了

万圣节是西方的传统节日，主要流行于撒克逊人后裔云集的美国、不列颠群岛、澳大利亚、加拿大和新西兰等西方国家。万圣节前夜的 10 月 31 日是这个节日最热闹的时刻，其中一个有趣的内容是"Trick or treat"，孩子们提着南瓜灯笼挨家讨糖吃的游戏。见面时，打扮成鬼精灵模样的孩子们纷纷发出"不请客就捣乱"的威胁，而主人自然不敢怠慢，连声说"请吃！请吃！"同时把糖果放进孩子们随身携带的大口袋里。

工具箱
黏土、厚纸盘、相框、工具刀

适合年龄
7～9 岁

孩子想

鬼来啦！鬼来啦！好可怕呀！
我好想有一把可以飞天的扫把啊，飞到月亮上去。
去年的万圣节，我和爸爸妈妈参加活动，还做了一个很大的南瓜灯。

祝锦雯　7 岁

何嘉熙　9 岁

吴芷玥　7 岁

李昊聪　8 岁

许乔媛　8 岁

1. 用黑色和红色黏土混色横推出底色，然后用黄色、橙色和红色黏土画圈推一个圆形做月亮。

2. 用少量的黑色黏土和大量的红色黏土混色横推出天空，用黑色和紫色黏土混色横推出地面。

3. 捏出一条粗的泥条做树干，再捏几条细的干枯树枝贴在树干上。

4. 擀一块薄片，用剪刀剪出大小不一的蝙蝠。捏一个水滴和圆球，压平后粘合在一起做猫的身体，再做其他细节部分。

5. 把橙色黏土捏成椭圆然后压平，刻出南瓜的纹路，再用黑色黏土做南瓜蒂，粘上眼睛、鼻子、嘴巴。做出墓碑。

百宝箱

1. 要求孩子大胆造型，大胆用色。注意控制黑色。
2. 树要做出干枯、灵异的感觉。
3. 蝙蝠和鬼魂的飘动感觉要做出来。
4. 冷色的运用，颜色不能调灰调脏了。

6. 取适量白色黏土捏成长水滴状，将细的一头弯曲，粗的一头粘上眼睛、嘴巴，做鬼魂。

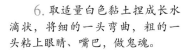

《圣诞节》

注意圣诞色（红、绿、白）的搭配。与万圣节相比，要更注意冷暖色的对比。

通过绘本故事的引导，让孩子们对节日有更深刻的印象，也能让他们想象的空间更大。

孩子对于万圣节的表达会更倾向于自己最感兴趣的那一部分，所以只要鼓励孩子大胆表达出来就好了。

15. 印第安人

老师说

"印第安人"美洲最古老的居民。一提到印第安人的服饰，让人印象最深的就是独特的头饰鹰羽冠了，这的确是印第安人服饰的一大特色。印第安人把羽毛作为勇敢的象征、荣誉的标志，还经常插在帽子上，以向人炫耀。拥有鸟羽象征着勇敢、美貌与财富。黑羽使人联想到权贵和死亡，红羽则表达了善意、能力和富饶。

工具箱
黏土、牙签、工具
刀、泡沫板

适合年龄
7～9岁

孩子想

如果可以去参加印第安人的篝火晚会就好了。
老师，你帮我也把脸上画上那样的油彩吧！
印第安人他们冬天都不用穿衣服的吗？

拓展

吴芷玥　7岁

许乔媛　8岁

周余堂　8岁

何嘉熙　9岁

祝锦雯　7岁

李承瀚　7岁

李昊聪　8岁

1.搓一个圆球做头，将五官分别做好之后粘上，搓细长条像麻花一样绕起来粘在后脑勺做头发，头饰和脸上的颜色一定要亮。

2.捏一个椭圆、一个三角形和两根长水滴，中间用牙签固定，并粘合起来做身体。

3.捏两个圆球压平，做上装饰后，用一根细长条连起来做胸饰。用压泥棒压一块长方形，把长方形的一边叠起来做裙子，在裙子上添加装饰。

4.将身体和脑袋粘合，做出胳膊，摆好身体的动态。

5.做好身上的饰品之后，把做好的人物用牙签固定在泡沫板上等待风干。

百宝箱

1.印第安人充满民族特色的装饰物、服装和道具的颜色一定要绚丽。

2.立体造型第一课，要体现出人物姿态的变化，及腰部、手部、腿部的动态。

3.把人物的动态结合情景再现出来。

课后拓展

图腾柱的图案、色彩和文化内涵都与印第安人身上的特征一样。我们改变了载体，换一种形式来让孩子们感受异国文化。

教师建议

这是团队合作的作品，每个人完成一段，底色需要控制，不能太亮。装饰花纹色彩要亮丽，需要出现重复排列的图案。

李承翰　7岁

何嘉熙　9岁

卢锦航　8岁

教学思考

同类型的课程，可以反复开展，但是需要不断创新。变换一下形式，即使是同样的课程也能做出完全不一样的视觉效果。

老师说

　　恐龙是出现于约 2 亿 3500 万年前，并于 6500 万年前灭绝的中生代陆栖爬行动物。迄今为止，我们一共发现了大约 1000 种恐龙的化石。恐龙与其他爬行动物的最大区别在于它们的站立姿态和行进方式，恐龙可以直立行走，其四肢构建在躯体的正下方。这样的架构比其他各类爬行动物（如鳄类，其四肢向外伸展）在走路和奔跑上更为有利。

工具箱
黏土、铅芯线、工具
刀、丙烯、白乳胶

适合年龄
5 ～ 10 岁

孩子想

如果给恐龙织一条围巾，那得需要多少毛线啊！
恐龙洗澡吗？如果给它洗澡是不是要去游泳池才行啊？
霸王龙是恐龙里面最凶猛的，所有的恐龙都得听它的。

向鎏哲　6 岁

陈逸菲　5 岁

周雅洁　6 岁

陈旭阳　6 岁

裴浩天　5 岁

李珂依　5 岁

步骤解析

1. 用电线缠出恐龙的脑袋和嘴巴。

2. 用电线扎成一个椭圆形做恐龙的肚子，用海绵纸填充。

3. 用电线缠出尖尖的尾巴。

4. 把脑袋、肚子和尾巴连接起来。

5. 腿缠好后，与身体连接并摆好动作。

6. 取大量的黄色、咖啡色和黑色黏土混色。

7. 用黏土把缠好的骨架包起来。

8. 从小到大捏一些水滴，压平后粘在背上做骨质板。

9. 捏一个圆球粘上去做眼睛，在眼睛周围围上眼皮。捏出恐龙的鼻孔、嘴巴和舌头，再捏出一颗颗牙齿。

10. 搓四根象牙状的长条粘在尾巴末端，最后调整恐龙的四肢。

百宝箱

1. 了解恐龙的骨骼和肌肉结构。
2. 强调观察与想象结合，来表现恐龙的各种特征。
3. 加强对孩子立体感和空间感的训练。不仅要了解恐龙的结构，还要知道如何表达。

课后拓展

高年级的孩子用电线做骨架，就要求交代清楚身体与各关节的连接，除了用黏土做出恐龙身上的细节之外，一些细致的地方还需要用笔画出来。

教师建议

在处理皮肤的细节时，可以使用丙烯颜料。

何嘉熙 9岁

李昊聪 8岁

吴芷玥 7岁

许乔媛 8岁

教学思考

培养孩子们的想象力和创造力，不要用"像不像"来约束他们的思维。

17.《山海经》里的神兽

《山海经》是中国志怪古籍，大体是战国中后期到汉代初中期的楚国或巴蜀人所作。它是一部荒诞不经的奇书。《山海经》具有非凡的文献价值，对中国古代历史、地理、文化、中外交通、民俗、神话等的研究，均有参考价值。它保存了夸父逐日、女娲补天、精卫填海、大禹治水等不少脍炙人口的远古神话传说和寓言故事。

孩子想

这些神兽都长得好奇怪啊！
以前真的会有这样的东西吗？它们现在去哪儿了？
这些神兽到底是妖怪还是神仙啊？

工具箱
白乳胶、铅芯线、丙烯、黏土、工具刀

适合年龄
5～10岁

彭楚菡　8岁

郑钰霄　9岁

拓展

张景殊　9岁

1. 用铝芯线做好骨架，在骨架上包上黏土。

2. 用黏土包出身体的肌肉结构，把身体的各个部位都交代清楚。

3. 做出神兽的五官，以及身体上的特色花纹。

4. 用丙烯颜料在脑袋上和身上画一些精细的花纹。

百宝箱

1. 通过前面恐龙的课程，孩子们已经了解了爬行动物的生理结构。现在通过怪异神兽来让孩子尝试夸张和变形。

2. 了解中国的特色图案，花纹要求具有中国特色。

3. 色彩的搭配要夸张，但不能太过花哨，对比色运用要合理。

用平面的剪纸表现神
兽也是一个不错的课题。
从立体到平面的转换，更加锻
炼孩子们手头上平推和混色的功力。

李昊聪 8岁

何嘉熙 9岁

魏宇涵 10岁

许乔媛 8岁

需要和孩子们一起了解一
些关于青铜器上的纹理的基础知
识，以及一些中国风的相关图案。

通过对《山海经》的
大致了解，可以让孩子们
大胆地在结构上做夸张和
变形。

18. 泥咕咕

泥咕咕是历史悠久的汉族传统手工艺品，是河南浚县民间对泥塑小玩具的俗称。因为能用嘴吹出不同的声音，所以形象地称之为"咕咕"。泥咕咕的特点是以黑色为底色，然后在底色上用自制的毛笔点画出各种花样。彩绘是以黑色、棕色打底，再描绘上白色、大红、大绿、大蓝、大黄等条纹，大都采用原色，很少用调和过的中间色。

工具箱
树脂土、牙签、花枝
俏（花纹笔）、丙烯
适合年龄
7～10岁

孩子想　老师，这个东西真的是乐器吗？它真的能吹响吗？
真没想到泥巴还能做成乐器啊！
为什么都要做成黑色的呢？

许乔媛　8岁

周余堂　8岁

何嘉熙　9岁

拓展

吴芷玥　7岁

李昊聪　8岁

祝锦雯　8岁

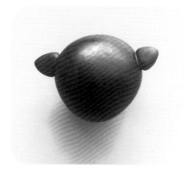

1. 把黑色树脂土捏成窝窝头状做身体。

2. 捏一个圆球做头，捏两个三角形做耳朵粘在两边。

百宝箱

1. 树脂土的材质比较硬，做的过程中一定要多拉或者加水使它变软。

2. 表面一定要尽量处理光滑，不能凹凸不平。

3. 每一个小零件的连接都需要用白乳胶粘合，而且要趁未干的时候做完。

3. 捏几个大小不一的水滴做腿和其他小猴子的头。再搓两根长条做手臂，和身体粘在一起。

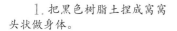

4. 做好其他的脑袋并粘上。

5. 等风干后，用丙烯颜料画出五官和花纹。图案的颜色要鲜艳。

立体造型第四课，通过图片引导，让孩子了解中国民间的色彩搭配方法及形体的创造方法。《小泥人》是具有福娃特点的中国风作品，深受孩子们的喜爱。

教师建议

使用和泥咕咕相同的制作和绘画工艺，人物的动态和表情可以夸张。

教学思考

民族的就是世界的。深挖地方文化，与现代艺术相结合，运用到少儿美术教学中，为发扬光大传统文化培养新生力量。

19.仿铜编钟

中国是制造和使用乐钟最早的国家。编钟用青铜铸成，由大小不同的扁圆钟按照音调高低的次序排列起来，悬挂在一个巨大的钟架上，用丁字形的木锤和长形的棒分别敲打编钟，能发出不同的乐音，每个钟就像一个琴键，合起来就可以演奏出美妙的乐曲。编钟的钟体小音调就高，音量也小；钟体大，音调就低，音量也大，所以铸造时的尺寸和形状对编钟发声有重要的影响。

工具箱
黑黏土、相框、泥工板、金色
丙烯、牙签、工具刀、小排刷
适合年龄
8～12岁

孩子想

我在博物馆见过真正的曾侯乙墓出土的编钟。
老师说那个编钟一个钟可以敲出来两种声音。
爸爸带我看过真正的编钟演奏呢！

拓展

11～12岁集体完成

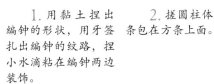

1. 用黏土捏出编钟的形状，用牙签扎出编钟的纹路，捏小水滴粘在编钟两边装饰。

2. 搓圆柱体捏成方形，擀一块薄片切成长条包在方条上面。

3. 捏出跳舞和敲钟的人物，注意细致刻画人物的动态、袖子飘拂等细节。

4. 把编钟、架子和人物按照合理的构图粘在铺了底的相框里，编钟和架子交接的地方要捏出小挂扣将二者连接起来。

5. 刷丙烯的时候只需用笔刷轻轻带过，刷不到的地方不用刻意去涂抹，做出立体效果。

百宝箱

1. 注意黏土与丙烯技法的综合运用。
2. 视觉效果主要体现在明暗关系，以及材料的结合碰撞出来的质感。
3. "少蘸金、左右擦、轻轻扫、重复做"这是上色口决，掌握上色的力度是关键。

课后拓展

　　《清明节前采茶忙》呈现的是半立体的浮雕刷金效果。茶文化是我国南方一些地区的特色，与人们的生活息息相关。

教师建议

　　在尝试这种黏土与丙烯结合的技法之前，教师自己要多尝试几遍，便于在课堂上进行示范。

教学思考

　　在整个教学过程中，教师要控制好课堂节奏，要能够作出预判、及时叫停，以免学生作品出现意外情况。

20. 京剧人儿

老师说

中国戏曲中人物角色的行当，一般分为"生、旦、净、末、丑"。传统戏曲剧目大多取材于历史故事，反映各个朝代的生活，表现的人物有帝王将相、才子佳人和三教九流各式人物。不同朝代和不同地位的人，他们的服饰各不相同，角色的戏装各有讲究。

工具箱
树脂土、相框、勾线笔、
丙烯、牙签、工具刀
适合年龄
7 ～ 10 岁

孩子想

川剧的变脸太神奇了，我怎么都看不到破绽。
我奶奶好喜欢看京剧，她还天天在家吊嗓子。
他们身上的装饰和脸上的油彩好漂亮啊！

拓展

祝锦雯 8 岁

周余堂 8 岁

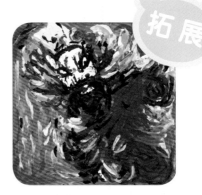
李昊聪 8 岁

何嘉熙 9 岁

许乔媛 8 岁

吴芷玥 7 岁

步骤解析

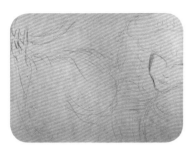

1.用笔勾出人物的大概轮廓。

2.从眼睛开始铺出五官，注意眼角要往上提，明暗关系要体现出来。

3.混色调和黏土铺出头饰和衣服的色块。

4.浅色的地方把黏土用白醋调稀再铺，深色的地方要加黑色增加立体感。

5.画面可以做出一些肌理效果，处理一下细节。

6.最后用黑色丙烯整理细节。

百宝箱

1.在用色彩混推时，要注意武生、花脸多用跳跃的色彩及线条，花旦用轻柔、安静的色彩及线条。
2.要注意区分背景的纹理和人物的形态，虽然都是平推和混色，但是要将两者交代清楚。

课后拓展　中国戏剧历史悠久，用黏土来表现也别有趣味。用黏土包裹保利球做成立体的京剧人物，重点在于头饰和衣服的花纹处理。

教师建议　混色的时候拉扯的次数不能太多，否则颜色会变灰，拉两三次就够了。人物的动态和服饰的线条要表达清楚。

何嘉熙　9岁

祝锦雯　8岁

李昊聪　8岁

周余堂　8岁

教学思考　可以做一些人物的组合，注意空间关系和遮挡关系。